Michael Dienst

Physical Modelling driven Bionics

Computerunterstützte Vorgehensweise bei der Übertragung biologischer Phänomene in Technik

GRIN Verlag

Bibliografische Information der Deutschen Nationalbibliothek:

Die Deutsche Bibliothek verzeichnet diese Publikation in der Deutschen National-
bibliografie; detaillierte bibliografische Daten sind im Internet über http://dnb.d-
nb.de/ abrufbar.

Impressum:

Copyright © 2009 GRIN Verlag GmbH
Druck und Bindung: Books on Demand GmbH, Norderstedt Germany
ISBN: 978-3-640-45135-7

Dieses Buch bei GRIN:

http://www.grin.com/de/e-book/135393/physical-modelling-driven-bionics

GRIN - Your knowledge has value

Der GRIN Verlag publiziert seit 1998 wissenschaftliche Arbeiten von Studenten, Hochschullehrern und anderen Akademikern als eBook und gedrucktes Buch. Die Verlagswebsite www.grin.com ist die ideale Plattform zur Veröffentlichung von Hausarbeiten, Abschlussarbeiten, wissenschaftlichen Aufsätzen, Dissertationen und Fachbüchern.

Besuchen Sie uns im Internet:

http://www.grin.com/

http://www.facebook.com/grincom

http://www.twitter.com/grin_com

Physical Modelling driven Bionics

Computerunterstützte Vorgehensweise bei der Übertragung biologischer Phänomene in Technik

Beuth Hochschule für Technik Berlin

University of Applied Sciences Berlin, Germany

Bionic Research Unit / FB VIII, Maschinenbau

Dipl.-Ing. Michael Dienst

http:// www.beuth-hochschule.de

Abstract. Konzepte, Bauweisen und Strategien der Biologie unterscheiden sich in verblüffender Weise von denen der Technik. Die Bionik verbindet die Naturwissenschaften mit den Ingenieurwissenschaften mit dem Ziel, Prinzipien der belebten Natur zu entschlüsseln und diese auf Artefakte zu übertragen. Produktentwicklungsmethoden betreffen Fragestellungen mit denen die Informationen erarbeitet werden, die für das Konzept, den Entwurf und die Nutzung eines Produkts notwendig sind. Produktentwicklung und Biosystemanalyse besitzen auf der abstrakten Ebene der Computersimulation und des Physical Modellings Schnittmengen, die geeignet sind, Verfahren zur Übertragung biologischer Phänomene in Sinn der Bionik zu unterstützen. Der Aufsatz führt in die Thematik ein und nennt einige tradierte Methoden des Physical Modellings.

Intro. Die belebte Natur hat in den Jahrmillionen der biologischen Evolution äußerst effiziente und Ressourcen schonende Lösungen hervorgebracht. Wir beobachten die Vielfalt biologischer Bauweisen, wir beschreiben und messen die teilweise bis an das physikalisch Machbare optimierte Funktionen, wir bewundern die von einer Einfachheit getragene Eleganz in Gestalt und

Dynamik der Lebewesen. Phänomene der belebten Natur wecken Begehrlichkeiten Seitens der Technik: Gerne sollen Maschinen so effizient sein wie Lebewesen. Doch eine schlichte Nachahmung der belebten Natur scheitert, wie nicht wenige Episoden der Technikgeschichte zeigen. Konzepte, Bauweisen und Strategien der Biologie unterscheiden sich in verblüffender Weise von denen der Technik. Der Teilhabe an effizienten Problemlösungsstrategien geht eine wissenschaftliche Auseinandersetzung ihrer physikalischen, chemischen und informationstechnischen Ursachen voraus. Die Faszination an der Natur wird zu einem Lernen von der Natur in Hinblick auf technische Nutzung: Ein Grenzgang zwischen Biologie und Technik.

Die Bionik arbeitet auf diesem schmalen Grat; sie verbindet die Naturwissenschaften mit den Ingenieurwissenschaften. Aufgabe der Bionik ist es, Prinzipien der belebten Natur zu entschlüsseln, mit dem Ziel, diese auf künstliche Systeme, auf Artefakte, ja letztendlich auf Maschinen zu Übertragen. Die Betrachtung von Ergebnissen der angewandten Bionik legt den Schluss nahe, dass strategische Handlungsweisen für die Übertragung von als optimal angesehenen biologischer Problemlösungen existieren [Rech-94]. Jedoch haben, von wenigen Ausnahmefällen abgesehen [BaNe-98] [Bann-02] [Bapp-99] [Bech-93] [Bech-97], die erheblichen Vorarbeiten auf dem Gebiet der Analyse biologischer Systeme [Nach-98][Nach-00][Tria-95][Liao-03] nicht in dem erwarteten Maße zu Produkten oder technischen Innovationen geführt.

Seitens der Industrie besteht ein klares Interesse an Problemlösungen aus der belebten Natur. Für eine Erhöhung der Anzahl erfolgreicher industrieller Übertragungen im Sinne der Bionik, bedarf es der Entwicklung von Methoden, Verfahren und Instrumenten, die den Produktentwicklungsprozess unterstützen. Eine Ursache dafür, dass Anzahl und Qualität von Produkten und Verfahren nach dem Vorbild der Natur weit hinter den Erwartungen aller mit Bionik Befassten zurückbleibt, ist offenbar, dass die Vorgehensweisen der Produkt- und Verfahrensentwicklungen bisher kaum in die traditionellen Strategien der industriellen Produktentwicklung integriert sind, die komplexen Zusammenhänge der Biologie nur unzureichend wiedergegeben werden und diese Informationen nicht in einer für den Produktentwickler geeigneten Form vorliegen. Gleichzeitig existiert eine nicht geringe Zahl von unterschiedlichen Herangehensweisen der Übertragung von Phänomen der belebten Natur in Technik. Es besteht der Bedarf, hier einen Überblick zu gewinnen.

Kann die Natur, die Art und Weise der Gestaltung in der Biologie Vorbild sein für Künstliches, für gestaltete Technik, für Artefakte? Kann der Begriff der Gestaltung in der Natur analog gesetzt werden mit dem technischen Designbegriff? Und gibt es einen methodischen Ansatz, der das Gestalten nach dem Vorbild der belebten Natur zum Gegenstand hat?

Die technische Biologie, hier insbesondere die Biosystem-Analyse liefert den Stoff, aus dem die Bionik technische Lösungen generiert. Aus der vereinfachenden Sicht des Ingenieurs berührt die analytische Auseinandersetzung mit belebten Wesen wenigstens folgende Aspekte:

- Beobachtung und qualitative Untersuchungen von Wesen und Populationen
- Morphologie, konstruktiver Aufbau von Geweben, Organen und Organismen
- Wirkprinzipien und Funktionsbeziehungen von und zwischen Organen
- Evolutive Entwicklung und Individualentwicklung
- Agieren im Habitat

Produktentwicklung und Biosystemanalyse besitzen auf einer abstrakten Ebene der Computersimulation und des Physical Modellings Schnittmengen, die geeignet sind, Verfahren zur Übertragung biologischer Phänomene in Sinn der Bionik zu unterstützen. Hinsichtlich der Analyse biologischer Wirkmechanismen, Kinematiken und der Untersuchung physikalischer struktur- und fluidmechanischer Wechselwirkungen haben wir (Bionic Research Unit der Beuth Hochschule für Technik, Berlin) im Rahmen abgeschlossener und rezenter Forschungsprojekte den Begriff des morphological Computation etabliert und Methoden entwickelt, mit denen die Übertragung von Phänomenen der belebten Natur auf technische Lösungsprinzipien gelingt. Bevor die Kongruenzen der Computersimulation biologischer und technischer Systeme konkretisiert werden, betrachten wir zunächst eine etablierte und dem Techniker vertraute Herangehensweise bei der systematischen Entwicklung von Produkten.

Produktentwicklungsmethoden betreffen Fragestellungen mit denen die Informationen erarbeitet werden, die für das Konzept, den Entwurf und die Nutzung eines Produkts notwendig sind. Eine Methodik ist eine Sammlung praktikabler Methoden und Verfahren, die angepasst auf das zu lösende Problem, jeweils unterschiedlich akzentuiert wird. Entwicklungsstrategien für industrielle Produkte unterscheiden sich nach Branchen, Art und Typ der Produkte, weisen aber gemeinsame Grundstrukturen auf.

Ein übergeordneter Strategieparameter ist dabei die „Gestaltungsabsicht (Design Intent)", die den gesamten Produktentwicklungsprozess von der Ideenfindung, über den Entwurf, die Konstruktion und die industrielle Fertigung bis hinein in die Produktbetreuung am Markt klammert. Gemeinsam ist dem problemorientierten und produktorientierten Entwicklungsprozess eine Vorgehens- Grundstruktur mit den Elementen:

- Aufgabenbeschreibung und Definition der Entwicklungsziele
- Konzepterstellung
- Erarbeitung von (Produkt-) Entwürfen
- Konstruktion, im Sinne der Erstellung von Fertigungsunterlagen
- Fertigung
- Vertrieb und Produktbetreuung am Markt.

Dabei schließt der Gestaltungsprozess (Design) in der Technik sowohl praktische, als auch ästhetische Aspekte ein. Der Datenfluss in Produktentwicklungsprozessen wird von hochentwickelten Computersystemen

(Hard- und Software) erzeugt, geordnet und genutzt. Der Begriff „Computer Aided Engineering, CAE" (dt. rechnergestützte Entwicklung) fasst die Möglichkeiten der Computerunterstützung von Produktentwicklungsprozessen zusammen. Im Zusammenhang mit Bionic Engineering seien einige Elemente des CAE genannt:

- Rechnerunterstützte Konstruktion (Computer Aided Design, CAD)
- Mehrkörpersimulation (MKS)
- Mechanische Beanspruchung von Bauteilen und Baugruppen (FEM)
- Strömungssimulationen (Computational Fluid Dynamics, CFD)
- Fluid- Struktur- Wechselwirkung (Fluid Structure Interaction, FSI)

... des weiteren
- Ein- und Ausbauuntersuchungen, Kollisionsprüfungen (Digital Mock-Up, DMU)
- NC-Programmierung und –Simulation (CAM)
- Fertigungsprozesssimulationen (Computer Aided Process Engineering, CAPE)

Aufgabenstellung und Konzept. Zur Erstellung physikalischer Modelle und der Simulation der Bauteil- Wirklichkeit sind MKS, FEM, CFD und (auf Laborebene) FSI bereits etablierte Verfahren. In der verallgemeinerten Dramaturgie der methodischen Produkterstellung liefern erste Studien über kinematische Beziehungen zwischen Bauteilen Entscheidungsgrundlagen bei der Erstellung von konkurrierenden Konzepten. Viele struktur- und fluidmechanische Effekte werden in vereinfachenden Modellvorstellungen, vermittelt durch MKS, FEM und CFD, erst sichtbar. Durch eine Untergliederung in Teilsysteme werden von Ein- und Ausgangsgrößen zu überschreitenden Systemgrenzen festgelegt und das Zusammenspiel von Energie-, Materie- und Informationsfluss beschrieben.

Konzepte sollen neutral gegenüber der angestrebten Lösung sein. Bei stationären Vorgängen genügt die Bestimmung der Eingangs- und Ausgangsgrößen, bei zeitlich sich verändernden instationären Vorgängen, ist darüber hinaus die Aufgabe durch Beschreiben der Größen zu Beginn und Ende auch zeitlich zu definieren. Dabei ist es zunächst nicht wesentlich zu wissen, durch welche Lösung eine solche Funktion erfüllt wird. Die Funktion wird damit zu einer Formulierung der Aufgabe auf einer abstrakten und lösungsneutralen Ebene.

Physical Modelling (MKS, FEM und CFD) stellt Entscheidungsgrundlagen

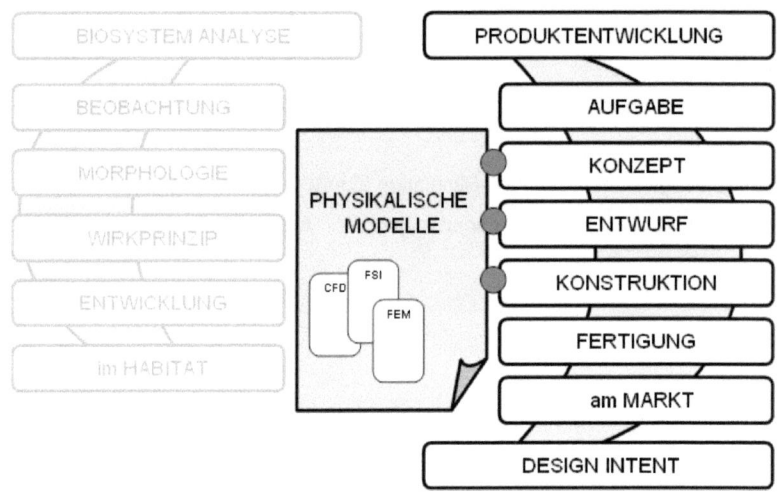

her, indem Parameterstudien qualitative Vorstellungen und erste quantitatve Aussagen herstellen und visualisieren kann. Nun können zum Erfüllen der Gesamtfunktion die Wirkprinzipien der Teilfunktionen zu einer Kombination verknüpft werden. Die Kombination mehrerer Wirkprinzipien führt zur Wirkstruktur einer Lösung. In einer Wirkstruktur wird das Zusammenwirken mehrerer Wirkprinzipien erkennbar, die das Prinzip der Lösung (Lösungsprinzip) zum Erfüllen der Gesamtaufgabe angibt.

Entwurf und Konstruktion. Die Verbindung von Programmsystemen zur Zeichnungserstellung (CAD) mit Simulationsprogrammen (CAD und FEM) sind Stand der Technik. Allerdings herrschen immer noch große Unterschiede in der Art der Kopplung. Bei projektbasierten Verknüpfungen bilden CAD-Systeme die organisatorische Basis von der aus die Daten in das Berechnungs-Programmsystem „verschoben" werden (müssen). Die Verluste an Informationen über Form und Funktion der anvisierten technischen Konstruktion stellen nicht selten ein gewichtiges Problem dar. Eine Problemlösung stellt die Initial Graphics Exchange Specification (IGES) dar, die ein neutrales herstellerunabhängiges Datenformat definiert, welches dem digitalen Austausch von Informationen zwischen CAE-Programmen dient.

Der Trend geht heute eindeutig zu CAD-Systemen mit fest verdrahteten physikalischen Modellen, die es gestatten Baugruppen zu animieren, Bewegungsabläufe zu simulieren und mit integrierter Festigkeits-berechnungsfunktion, Bauteilbelastungen schon während der Konstruktion zu analysieren. Dem Konstrukteur und dem Designer wachsen in Zukunft Kompetenzen zu, die vor einigen Jahren dem Berechnungsingenieur vorbehalten waren; das ist bemerkenswert. Für die konstruktionsbegleitende Berechnung bietet mehrere Softwareentwickler Produkte an, die sich intuitiv bedienen und nahtlos in alle gängigen CAD-Programme integrieren lassen.

Aus der sicht des Bionic Engineering ist jedoch eine andere Entwicklung interessanter. Die Entwickler hoch performanter Berechnungs- und Simulationssoftware nähern sich von ihrem Kerngeschäft aus der Lösung des Problems des Datenverlustes beim digitalen Austausch von Informationen. Die Berechnungsprogramme (FEM- und CFD- Solver) werden mit leistungsstarken parametrischen Geometrie- Modelern ausgerüstet. Dies hat nicht weniger zur Folge, als dass sich der Gestaltungsprozess förmlich umdreht: Aus dem Berechnungsergebnis auf der Grundlage der FEM- oder/und CFD- Software wird zukünftig Form, Geometrie und - so steht zu hoffen - auch Funktion abgeleitet werden. Der Weg ist frei zu einer „automatisierten" Gestaltentwicklung, sobald der Prozess in einer „geeigneten Umgebung"

stattfindet, derart, dass die Gestaltungsparameter des CAD- Modelers zu den
Objektvariablen einer Optimierungsstrategie werden. Das High-End dieser
Konzepte sind freilich Berechnungsprozesse, die auf Algorithmen zur
Optimierung hochdimensionaler komplexer fluidischer Systeme zielen,
insbesondere der Berechnungen der Verformung elastischer Strömungskörper
(finite element method, FEM) des zugehörigen Strömungsgebietes
(computational fluid dynamics, CFD) und der Kopplung der Simulation in einem
gemeinsamen Ansatz (fluid structure interaction, FSI). Derartige
Simulationsmethoden sind bereits in der Erprobung. Für das Bionic
Engineering sind diese Szenarien deshalb so interessant, weil sie konzeptionell
den biologischen (evolutiven) Gestaltfindungsvorgängen entsprechen.

Die Anwendung von Physical Modelling- und Simulationssoftware nimmt in den
naturwissenschaftlichen und ingenieurwissenschaftlichen Berufsfeldern einen
zunehmend größeren Anteil ein (organisatorisch, zeitlich und Kosten). In
klassischen maschinenbaubetonten Produktentwicklungsmethodiken, etwa der
VDI-R 2221, werden bereits in der frühen Phase Wirkprinzipien und
Funktionsmodelle nachgefragt; sie geben erste Auskünfte über Form und Art,
Abmessungen, Anordnung und Anzahl der Gestaltungselemente eines frühen
Entwurfs und bilden Entscheidungsgrundlagen für die weitere Entwicklung.
Experimentieren mit gegenständlichen Modellen umfaßt das ganze Spektrum
von sehr einfachen Tests bis hin zu aufwändigen Erprobungen mit Prototypen
und Vorläuferprodukten. Gegenständliche Modelle werden beim Entwerfen
insbesondere dann eingesetzt, wenn ein funktioneller oder visueller
Gesamteindruck gewonnen werden soll. Computergraphiken, Computer-
animationen und Digital Mock Ups sind dann (und in den meisten Fällen nur
dann) sinnvoll und zu bevorzugen, wenn sie physikalisch Sinn ergeben.

In der frühen Phase erfolgt die konzeptionelle Festlegung. Hier benötigen wir:

- Beanspruchungsmodelle

  zur Klärung des Bauteilverhaltens bei äußerer Beanspruchung (statisch, dynamisch, Schwingung, isolierte Kräfte).

- Verformungs- und Funktionsmodelle

  zur Klärung des Bauteilverhaltens hinsichtlich Kinematik, Dynamik, thermisches, elektrisches und chemisches Verhalten.

- Prozessmodelle

  Insbesondere in der Verfahrens- und Handhabungstechnik. Zur Klärung des Verhaltens von Stückgut, Schüttgut, Fluiden in Maschinen und Anlagen und der Umströmung von Bauteilen, Baugruppen und ganzen Produkten im Anwendungsfeld.

- Ergonomiemodelle

  zur Klärung von Handhabung, Montage, Bedienung, Nutzungsszenarien im Anwendungsfeld.

- Anmutungen

  Anschauungs- und Designmodell zur Vermittlung eines realistischen Eindrucks über die visuellen Eigenschaften des späteren Produkts. Auch Haptik.

Gravierende Einflüsse auf den Gestaltungsprozess ergeben sich durch neue und verbesserte Instrumente. Durch hochperformante CAD-Systeme wird eine durchgängige Produktmodellierung möglich. Parametrische CAD- Modellierer erlauben Konditionierung und Optimierung zu beliebigen Phasen im Entwurfsprozess. CAD-Systeme bilden einerseits den Kern der Computerintegrierten und Datendurchflossenen Fabrik, andererseits sind sie

Pre- und Postprocessor für direkte Rechnerische Behandlung des entworfenen Bauteils. Je früher in der Produktentwicklung physikalisch belegte Modelle existieren, um so höher ist ihr wirtschaftlicher Nutzen, denn über 80% der Kosten die bei Fehlentwicklungen (in den Phasen Konstruktion und Prototypen- und Nullserienfertigung) auftreten, stammen eigentlich aus der „Frühen Phase" der industriellen Produktentwicklung (Erlenspiel).

Biosystemanalyse im Rahmen bionischer Herangehensweise zielt auf Erkenntnisse hinsichtlich der Gestaltungsprinzipien der Natur. Funktionalität bei Lebewesen besitzt zeitbasierte und topologisch-geometrische Ursachen, denn Gestalt, „Organisiertheit" und funktionale Morphologie entsteht in der belebten Natur durch Entwicklung: zeitlich (vertikale), sequentielles Evolutionsgeschehen und zeitlich (horizontale), parallele Ontogenesevorgänge. Der natürliche Optimierungsvorgang zielt dabei auf die Kondition des Ganzen (Bio-) Systems und nicht (wie in der Technik häufig) die Maximierung eines einzelnen Optimierungs-Aspektes. Diese nun in mehrfacher Hinsicht räumlich-zeitlichen Vorgänge sind reichlich komplex. Um Gestaltungsprinzipien zu erkennen, reicht es nicht, die äußere Form oder die Oberflächentextur zu beschreiben oder die inneren Lagebeziehungen morphologischer und anatomischer Elemente (Knochen, Muskeln, Gefäße etc.) zu benennen. Vielmehr ist es die jeweilige Funktion, die das »Sosein« einer Form, einer Gestalt erst verständlich werden lässt: Knochen sind Tragekonstruktionen, Muskeln sind kontraktile Elemente, Gefäße sind Transportsysteme und so fort.

Technische Entwicklungs- und Optimierungsstrategien zielen in der Regel auf Maximierung von Produkt- oder Bauteileigenschaften. Die Natur geht genau umgekehrt vor. Sie maximiert nicht singulär die Kraft eines Muskels und nicht die Stärke eines Knochens, sondern optimiert das Zusammenspiel zwischen Muskel und Knochen. Optimalkonstruktionen der belebten Natur besitzen eine energetisch günstige Form-Funktions-

Relation. Alle die organismische Formen prägenden Gestaltentstehungs-prozesse sind von funktionellen Anforderungen beeinflusst oder zumindest mit beeinflusst. Diese Anforderungen sind sehr komplex und oftmals entgegengesetzt und widersprüchlich. Erst unter Einbezug des gesamten umgebenden Kontext, dem Habitat, dem Wechselwirkungsgeschehen und der Lebensgemeinschaften der Wesen wird die Klugheit des Arrangements, die von Einfachheit getragene Genialität der Lösung sichtbar.

In der Praxis der Biosystemanalyse kommen von je her Modellbildungen der zum Einsatz. Die physikalischen und chemischen Ursachen biologischer Wirklichkeit zu entschlüsseln, ist quasi die Definition dieser „Naturwissenschaft". Biomechanik ist das Kerngeschäft der Technischen Biologie und damit informationelle Basis der Bionik selbst. In der beschreibenden und statistischen Ökologie sind Modellbildungen und computergestützte Analyseverfahren Stand der Technik, die Etablierung der jungen Wissenschaft der Systembiologie ist eine erfreuliche Konsequenz der inzwischen hohen Rechner- Verfügbarkeit. Die Herleitung von (diffusions-) Differentialgleichungen zur Beschreibung der biologischen Muster- und Gestaltentstehung fand bereits in den frühen sechziger Jahren des vergangenen Jahrhunderts statt (Wolpert). Aber erst die Entwicklung von Algorithmen und numerischen Modellen machten diese komplexen Berechnungsansätze als Instrument für die Erforschung elementarer ontogenetischer Entwicklungsvorgänge verfügbar (Meinhard, Gierer).

Die Abbildung von Nervenzellen in künstlichen neuronalen Netzen hatte weniger die Modellbildung von biologischen Hirnen, als vielmehr die Erforschung künstlicher Intelligenz zum Ziel und dennoch enorm zum Verständnis des Biosystems beigetragen.

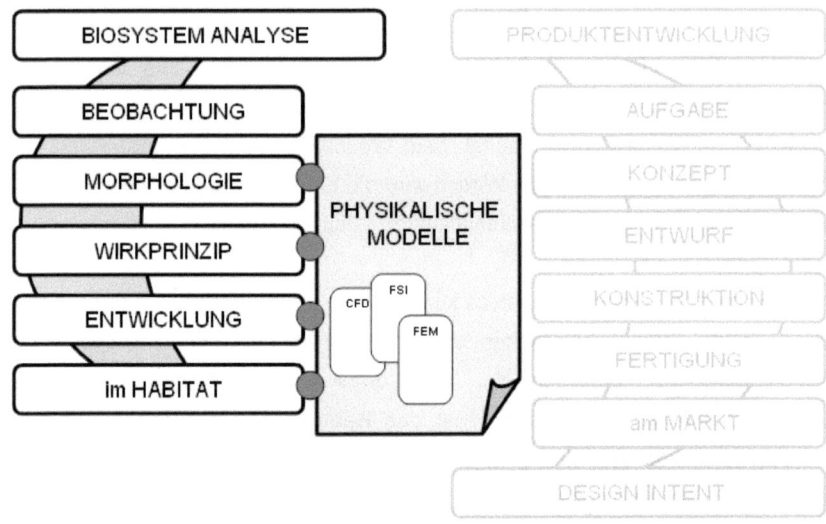

Simulationsverfahren zur zunächst qualitativen und dann quantitativen Beschreibung der Kinematiken, des Energie- und Massenstroms von und in Biosystemen in einem integriertem Ansatz, sind allerdings relativ neu. Ähnlich wie in den bekannten Computer Aided Engineering (CAE) Methoden, der Mehrkörpersimulation (MKS) oder der Finite Element Methode (FEM) lassen sich mit den neuen Simulationsverfahren beispielsweise die Mechanik des biologischen Bewegungsapparates unter Berücksichtigung der Muskeln analysieren und es können auch Aussagen über Muskel- oder Gelenkkräfte, die elastische Energie in Sehnen oder die antagonistische Muskelaktivität getroffen werden. Derzeit steht der menschliche Körper im Mittelpunkt der Softwareentwicklung und Datengenerierung. Anwendungsbereiche sind Prothetik und Implantate, Ergonomie, Sport und Rehabilitation (ANSYS, anyBody). Fortschritte in der Simulation von Bewegungsabläufen durch Computerprogramme bei Tieren bzw. Biosystemen im Allgemeinen kommen interessanterweise zur Zeit hauptsächlich aus dem Ingenieurbereich (Robotik), der Informatik und den technischen Kognitionswissenschaften (... how the body shapes the way we think ...(Pfeiffer)), den Medienwissenschaften und bei der Entwicklung von Algorithmen für Animationen für Film, Fernsehen und

Computerspielen. Spannend ist es derzeit, die rasante Fortentwicklung (Evolution?) von Avataren für kommerzielle und wissenschaftliche Anwendungen zu beobachten (Evologicals) sowie das Entstehen künstlicher autopoietischer Systeme (Brainware).

Physical Modelling / ausgewählte Methoden und Verfahren

FEM (Finite-Elemente-Methode)

Mit der Finite-Elemente-Methode (FEM) werden Probleme aus verschiedenen physikalischen Disziplinen gelöst. Die FEM ist ein numerisches Verfahren zur näherungsweisen Lösung partieller Differentialgleichungen.

Idee der Methode ist es, das Berechnungsgebiet in eine beliebig große Anzahl Elemente zu unterteilen (zu diskretisieren) die sich mit einer endlichen Zahl von Parametern beschreiben lassen. Bei Fachwerken bilden Knoten und Stäbe, bei Rahmenkonstruktionen Balken und Balkensegmente die Elemente der Berechnung.

Zweidimensionale Probleme werden in Dreiecke, Paralellogramme, krummlinige Dreiecke oder Vierecke diskretisiert. Mit geradlinigen Elementen werden bei einer entsprechend feiner Diskretisierung gute Annäherungen des Grundgebietes erreicht, krummlinige Elemente erhöhen die Güte der Annäherung. Räumliche Probleme werden mit einer Diskretisierung in Quader- oder Tetraederelemente oder krummflächig berandeten Elementen bearbeitet.

Ist das Elementenetz erstellt, werden innerhalb dieser Elemente Ansatzfunktionen definiert, die in die zu lösende Differentialgleichung eingesetzt werden. Zusammen mit den Anfangs-, Rand- und Übergangsbedingungen entsteht ein Gleichungssystem, das sich numerisch lösen lässt. Die Lösung dieses Gleichungssystems stellt letztlich die numerische Lösung der Differentialgleichung dar. Seine Größe hängt maßgeblich von der Anzahl der finiten Elemente ab. FEM-Programmsysteme werden eingesetzt zur Statischen Analyse (linear, nichtlinear), zur impliziten oder expliziten dynamischen Analyse (linear, nichtlinear), zur Modalanalyse, harmonischen und transienten Analyse und zur Beulanalyse (linear dynamisch). In Verbindung mit parametrisierten CAD-Modellen sind Bauteile aus einer FEM- Berechnungskampagne einer Optimierung zugänglich.

CFD (numerische Strömungsmechanik)

Die numerische Strömungsmechanik (englisch: *computational fluid dynamics, CFD*) hat das Ziel, strömungsmechanische Probleme approximativ mit numerischen Methoden zu lösen. Die benutzten Modellgleichungen sind meist die Navier- Stokes- Gleichungen, Euler- und Potentialgleichungen. Die Idee der CFD ist, komplexe Fragestellungen der Strömungsmechanik zu bearbeiten, deren Lösungen sehr schnell zu nichtlinearen Problemen führen und nur in Spezialfällen exakt lösbar sind.

Das umfassendste Modell eines Strömungsfeldes sind die Navier-Stokes-Gleichungen, ein System von nichtlinearen partiellen Differentialgleichungen 2. Ordnung die ein newtonsches Fluid komplett beschreiben. Die Navier-Stokes-Gleichungen beinhalten auch Turbulenzmodelle und Lösungsansätze der hydrodynamischen Grenzschicht.

Ein einfacheres Modell sind die Euler-Gleichungen, die aufgrund der vernachlässigten Reibung die Grenzschicht nicht abbilden und auch keine Turbulenz enthalten. Dafür sind wesentlich gröbere Gitter geeignet um die Gleichungen sinnvoll zu lösen. Für diejenigen Teile der Strömung, in denen die Grenzschicht keine wesentliche Rolle spielt, sind die Euler-Gleichungen sehr gut geeignet

Die Potentialgleichungen sind für schnelle, grobe Vorhersagen des Strömungsfeldes nützlich. Bei ihnen wird die Entropie als konstant vorausgesetzt (stationär Strömung). Eine weitere Vereinfachung über konstante Dichte führt dann zur Laplace- Gleichung. Verbreitete Lösungsmethoden der CFD sind die Finite- Differenzen- Methode (FDM, die Finite Volumen- Methode (FVM) und die Finite Elemente- Methode (FEM).

Freie Software (FEM, CFD)

OpenFOAM ist eine Toolbox, um Programme zur Behandlung von Feldproblemen zu erstellen. OpenFOAM ist eine freie Software unter der GNU General Public License (GPL) und kostet nichts. Sie kann von der Webseite heruntergeladen werden. Es sind bereits Solver für die unterschiedlichsten Probleme in der Distribution enthalten, die meisten davon für strömungsmechanische Anwendungen. OpenFOAM ist eine Sammlung effizienter Module und Bibliotheken, geschrieben in C++, die Gleichungslöser für eine Vielzahl numerischer Probleme, aber hauptsächlich CFD, zur Verfügung stellt. Anfang der 90er Jahre wurde die Entwicklung der CFD-Tools (Computational Fluid Dynamics) am Imperial College in London begonnen, sie stehen seit 2004 unter der GPL-Lizenz.

FSI (Fluid- Struktur- Wechselwirkung)

Rezente Entwicklungen auf dem Gebiet der numerischen Simulationsmethoden zielen auf Algorithmen zur Optimierung hochdimensionaler komplexer Systeme, insbesondere der Berechnungen der Verformung elastischer Strömungskörper (finite element method, FEM) des zugehörigen Strömungsgebietes (computational fluid dynamics, CFD) und der Kopplung der Simulation in einem gemeinsamen Ansatz (fluid structure interaction, FSI). Einige Softwareentwickler bieten effiziente Lösungsverfahren sowohl für die uni- wie auch bi-direktionale Fluid-Struktur-Kopplung an (ANSYS). Bei der einseitigen Fluid-Struktur-Kopplung werden meist Drücke und Temperaturen mittels einer Strömungsberechnung ermittelt, die dann einmalig als Belastung an die Strukturmechanik übergeben.

Typische Anwendung ist die Berechnung von Abgasanlagen oder Rohrleitungssegmenten. Treten auf der Strukturseite große Verformungen auf, so müssen diese an die Strömungsberechnung zurückgegeben werden und die Strömung muss für die neue Strömungsgeometrie erneut berechnet werden. Anwendungen von FSI- Implementationen sind die Berechnung und

Optimierung adaptiver Strömungskörper wie etwa Leit- und Steuerflächen bei Seefahrzeugen, im Strömungsmaschinenbau, Schaufeln und Vorleitapparate bei Turbinen, Pumpen und Verdichter, die Strömung in Adern und das das Schließverhalten von Ventilen bei Verbrennungskraftmaschinen.

PFC (Particle Flow Code)

Particle Flow Code (PFC, ITASCA) ist eine auf der Basis der Diskrete Elemente Methode (DEM) arbeitende Software die es ermöglicht, aus den Kontaktkräften zwischen diskreten Elementen (Partikeln) den Bewegungszustand jedes einzelnen Partikels zu errechnen. Der große Vorteil besteht darin, dass als Eingabeparameter nur die vergleichsweise einfach zu bestimmenden Eigenschaften der Partikel, wie z.b. Form und Steifigkeit, erforderlich sind. Die simulierten verfahrenstechnischen Prozesse lassen sich sehr genau beobachten.

SAM (Simulation and Analysis of Mechanisms)

Das Simulationsprogramm SAM (Simulation and Analysis of Mechanisms) ist eine Software zur Analyse, zum Entwurf und zur Visualisierung von ebenen Getrieben (Kurbelgetriebe, Gestänge, Zahnradgetriebe (Artas)), deren Bewegungen, Kräfte und Momente des reibungsbehafteten Zusammenspiels deren zeitlicher Verlauf mit Hilfe von Polynomen, Sinuskurven und Trapezoidprofilen gesteuert werden kann. Standardelemente sind, Federn (auch nichtlinear), Dämpfer, Reibungen Riementriebe, Zahnradpaare.

MKS (Mehrkörpersimulation)

Die Mehrkörpersimulation ist eine Simulationsmethode, bei der reale Körper durch unverformbare Körper abgebildet werden. Zusätzlich wird die Bewegungsfähigkeit der Körper zueinander durch idealisierte kinematische Gelenke eingeschränkt. Eine Kinematik wird dadurch charakterisiert, dass jeder Betriebspunkt als Funktion der gegebenen Zwangsbewegung betrachtet wird. Die Mehrkörpersimulation ist eine sehr grobe Vereinfachung der realen Welt. Um Details eines Systems genauer abzubilden, wird das Verfahren daher oft mit anderen Simulationsverfahren kombiniert (FEM, CFD). Es wird zwischen dynamischer und kinematischer Simulation unterschieden.

Bibliographie

[BaNe-98]   Barthlott, W.; Neinhuis, C.: Lotusblumen und Autolacke –
              Ultrastruktur pflanzlicher Grenzflächen und biomimetische
              unverschmutzbare Werkstoffe. Biona Report 12,
              Schriftenreihe der Wissenschaften und der Literatur, Mainz.
              Gustav Fischer-Verlag, Stuttgart 1998.

[Bann-02]   Bannasch, Rudolph. Vorbild Natur. In: design report 9/02,
              S.20ff. Blue.C Verlag Stuttgart: 2002.

[Bapp-99]   Bappert, R. Bionik, Zukunftstechnik lernt von der Natur.
              SiemensForum München/Berlin und Landesmuseum für
              Technik und Arbeit in Mannheim (Herausgeber): 1999

[Bech-93]   Bechert, D.W.: Verminderung des Strömungswiderstandes
              durch bionische Oberflächen. In: VDI-Technologieanalyse
              Bionik, S. 74 – 77. VDI-Technologiezentrum Düsseldorf
              1993.

[Bech-97]   Bechert, D.W., Biological Surfaces and their Technological
              Application. 28th AIAA Fluid Dynamics Conference: 1997

[Dien-01]   Dienst, M.: Bionik in der Verpackungstechnik, , In:
              Tagungsband 14. Verpackungskongress 2001, S. 9-20.
              Frankfurt a.M. 2001.

[Dien-03]   Dienst, M.: Bionik Engineering Design in der
              Verpackungstechnik. In Films-Sheets-Laminates, S. 1-13.
              VDI-Bericht 1719, VDI Verlag 2003.

[Die05]   Dienst, M., (2005) Genesetransformation. Ein Algorithmus
              zur Synthese von Signalen nach dem Vorbild der
              biologischen Musterbildung. In: Forschungsberichte 2005

der TFH Berlin, S. 190–193. Publikationen der Technischen
Fachhochschule Berlin.

[Die06]   Dienst, M., (2006) Eine Optimierungsumgebung für
Genesetransformationen. In: Forschungsberichte 2006 der
TFH Berlin, S. 115-117. Publikationen der Technischen
Fachhochschule Berlin.

[Die07]   Dienst, M., (2007) Genesetransformation. Adaption der
Transformationscharakteristiken. In: Forschungsberichte
2007 der TFH Berlin, S. 166-171. Publikationen der
Technischen Fachhochschule Berlin.

[Fren-94]   French, M.: Invention and Evolution: design in nature and
engineering. Cambridge University Press. Cambridge
1994.

[Fren-99]   French, M.: Conceptual Design for Engineers. Berlin,
Heidelberg, New York, London, Paris, Tokio: Springer:
1999

[Gutm-89]   Gutmann, W.: Die Evolution hydraulischer Konstruktionen.
Verlag W. Kramer: Frankfurt am Main, 1989.

[Hann-04]   Bionik auf der Hannovermesse 2004; http://www.bionik.tu-
berlin.de/kompetenznetz/news/Hannovermesse2004.htm

[Lind-03]   Lindemann, U.: Bionik und Produktentwicklung.
Präsentations-Papier. Hannover Messe 2003.

[Liao-03]   Liao, J.C.; Beal, D.; Lauder, G.; Triantayllou, M. Fish
Exploting Vortices Decrease Muscle Activty. In: Science
2003, S. 1566-1569. AAAS. 2003.

[Livo-02]   Livotov, Pavel; Petrow, Vladimir. Triz – Produktentwicklung
und Problemlösung. Trisolver Consulting, Hannover 2002.

[Matt-97]   Mattheck, C.: Design in der Natur. Rombach Verlag.
Freiburg 1997.

[Mirt-04]   Mirtsch, Frank. Wölbstrukturiereng. Präsentation
Hannovermesse 2004

[Nach-98]   Nachtigall, W. : Bionik – Grundlagen und Beispiele für
              Ingenieure und Naturwissenschaftler. Springer-Verlag,
              Berlin-Heidelberg-New York 1998.

[Nach-00]   Nachtigall, Werner; Blüchel, Kurt. Das große Buch der
              Bionik. Stuttgart: Deutsche Verlags Anstalt: 2000.

[PaBe-93]   Pahl. G.; Beitz, W.: Konstruktionslehre, 3.Auflage. Berlin-
              Heidelberg-New York-London-Paris-Tokio: Springer 1993

[Spur-80]   Rechnerunterstützte   Zeichnungserstellung   und
              Arbeitsplanung. Carl Hauser Verlag. München, Wien: 1980.

[Rech-04]   TU Berlin FG Bionik u. Evolutionstechnik. Auskunft /
              Nachfrage, 052004 http://www.bionik.tu-berlin.de/

[Rech-94]   Rechenberg, Ingo. Evolutionsstrategie'94. Frommann-
              Holzoog Verlag. Stuttgart: 1994.

[Tria-95]   Triantafyllou, M.: Effizienter Flossenantrieb für
              Schwimmroboter. In: Spektrum der Wissenschaft 08-1995,
              S. 66 –73. Spektrum der Wissenschaft- Verlagsgesellschaft
              mbH, Heidelberg 1995.

[VDI 2221]   VDI-Richtlinie 2221. Methodik zum Entwickeln und
              Konstruieren technischer Systeme und Produkte.
              Düsseldorf: VDI-Verlag 1993.

[VDI 2222]   VDI-Richtlinie 2222. Konzipieren technischer Produkte.
              Düsseldorf: VDI-Verlag 1982.

Die **BIONIC RESEARCH UNIT** ist eine forschungsbezogene Fachgruppe für
Lehrende und Studierende an der Beuth Hochschule für Technik Berlin und
Partner für industrielle Dienstleistungen auf dem Wissensgebiet der Bionik.

Kontakt:

Dipl.-Ing. Michael Dienst
Beuth Hochschule für Technik Berlin,
BIONIC RESEARCH UNIT / FB VIII, Maschinenbau
Luxemburger Str. 10,
D - 13353 Berlin-Wedding

http://projekt.beuth-hochschule.de/bru